不怯懦！

小学生的
信心提升
锦囊

编著 /〔日〕高取志津香

译者 / 王影霞

青岛出版集团 | 青岛出版社

漫画

你相信自己吗？

谁能回答这个问题？

我能回答。

可是，一旦我回答错了，就太丢人了……

这个女孩叫小樱，
品学兼优，
就是没有自信，
不擅长表现自己。

容易被别人的
意见所左右，
经常忽视
自己的心情。

算了，不做了！

这么麻烦，
做不出来。

这个女孩叫小美，
活泼开朗、
积极向上。

但是遇到略微复杂的事情，
就早早地放弃了，
做什么事都不长久。

毫无疑问，
我是正确的！

你怎么不明白呢！

这个男孩叫小林，
总是认为自己最正确，
做事不考虑别人的感受，
不擅长配合别人。

虽然他人挺好，
可是做事风格容易引起
别人的误解。

看来，他们的自信心
出了点小问题！

如果他们三个人能正确地
对待自信心，
就能做得更好！

← 这个小可爱叫小喵，
每天都在位于地球
某处的城堡，
观察地球上的孩子们。

勇往直前，
做最好的自己！

走啦！

为了让他们正确地
树立自信心，
我要赶去帮助他们啦！

自信心为什么很重要?

以下这三个人的观点，你最赞成哪一个?

小林：只要有自信，就能挑战各种事情!

小樱：我觉得自信满满会给人留下不好的印象，认为这个人太骄傲自大!

小美：我知道自信很重要，但是我不确定自己有没有自信。自信究竟是怎么一回事啊?

如果你赞成小林

的确，自信非常重要。如果没有自信，有些事情我们就做不成。自信的重要性还表现在失败后能让自己马上振作起来。

如果你赞成小樱

看来你把自信和自负搞混了！自负是指过高地估计自己，认为自己比实际还要优秀。自信满满是指清楚地知道自己的实力，有相信自己的底气，于是对自己充满信心。此外，自信还能让自己愉快、顺畅地和别人沟通交流。

如果你赞成小美

说明你知道自信的重要性，这很好。因为自信看不见摸不着，比较抽象，所以很难理解。什么是自信？怎样才能建立自信？下面，我们一起来学习吧。

只要有自信，
事情往往会进展顺利！

只要想建立自信，就一定能找到建立自信的方法。一旦建立起自信，做事情就有了坚持到底的力量，失败了也能重新站起来。此外，建立自信还有助于建立良好的人际关系。那么，怎样才能建立自信呢？下面我们就通过这本书，一起来学习吧。

自信心在什么时候发挥作用？

你知道自己的优点吗？对于这个问题，有人会很自信地回答："我的优点是……我就喜欢自己这一点！"当然，还有人不会这么说。

知道自己的优点和缺点，说出"喜欢自己这一点"，这样的人就非常自信。

如果有自信，就会对自己感到满意，去努力地做自己。可是，如果没有自信，就会被别人的意见所左右，变得情绪低落、意志消沉、做事没有干劲。

如果没有自信，就会……

情绪低落、没有干劲

遇到挫折轻易放弃

被别人的意见所左右

什么样的自己才算有自信？

1 能够重视自己的心情

和朋友交谈的时候，你是不是总被朋友的意见所左右，从而忽视自己的心情？只要有自信，就能重视自己的心情，把自己的想法真实地传达给对方。

2 失败后能马上振作起来

失败不可怕，可怕的是失败后不能振作起来。"重新来，没问题！"如果有这种自信，就算失败了，也能马上站起来，并且还能产生向失败学习的勇气，从而积累经验。

3 能做自己

"做自己"指的是做一个真实的自己。只要有自信，就能接受自己的全部，就会觉得什么样的自己都不错，同时也能珍惜周围的人。

contents 目录

写在前面

漫画 你相信自己吗? 002

自信心为什么很重要? 006

自信心在什么时候发挥作用? 008

第1章 了解自己 001

漫画 了解自己很重要! 002

自己是什么样的人? 004

漫画 自我性格诊断 006

【★你是哪种性格?】 008

Ⓐ 剑士类型 —— 010　　Ⓒ 舞者类型 —— 012

Ⓑ 魔法师类型 —— 011　　Ⓓ 治疗师类型 —— 013

漫画 情绪是怎样产生的? 014

情绪是什么? 016

【★各种情绪攻略】 018

喜悦 —— 019　　厌恶 —— 022　　愤怒 —— 025

感动 —— 020　　嫉妒 —— 023　　慌张 —— 026

恐惧 —— 021　　惊讶 —— 024　　悲伤 —— 027

这样做能认识自己 030

· 给自己写留言! 032

练习 试着给自己的情绪打分 028

第2章 培养自信 033

漫画 换个角度看问题 034

第1步 把消极的话换成积极的话 036

漫画 认识自己的优点 040

积极发现自己的优点 041

运用"蜘蛛网"思维了解自己的性格 042

漫画 积累小小的成就感 046

第2步 一点点积累成长和进步 048

"我做到了!"——发现自己的成长和进步 050

接受自己的全部 054

用日记记录"我做到了!" 055

漫画 说说这件郁闷的事…… 058

第3步 试着写下自己的心情 059

漫画 你了解自己的心情吗? 064

用"蜘蛛网"思维调整情绪 065

学会和另一个自己对话 066

漫画 失败了也没关系! 070

第4步 失败后要调整好心情 071

向失败学习 072

对自己说:"失败未必不好!" 074

重视挑战精神 080

第5步 说支持和鼓励自己的话 082

漫画 做自己的朋友,给自己加油! 083

你说过支持和鼓励自己的话吗? 086

要有独自一人的勇气 090

认可自己,你才能更自信 092

・信心"魔法"口诀 096

练习1 给性格换个说法 037

练习2 运用"蜘蛛网"思维描写自己的性格 044

练习3 和以前的自己比 051

练习4 用日记记录"我做到了!" 056

练习5 写下自己的心情 060

练习6 运用"蜘蛛网"思维写下心中所想 062

练习7 问问另一个自己 068

练习8 反思失败,吸取教训 073

练习9 为什么说"失败未必不好"? 075

练习10 制作问题解决图表 078

练习11 说出鼓励自己的话 085

练习12 说出支持自己的话 088

练习13 在便笺上写出 3 件好事 094

第3章 提高沟通能力 097

漫画 学会沟通 098

良好的沟通有利于维持良好的人际关系 100

漫画 良好的沟通有利于提升自信心 101

漫画 听对方说话 104

第1步 认真听对方说话 ································ 105

态度要真诚和专注 —————— 106　　考虑对方的心情 —————— 108
体谅和安慰朋友 —————— 110

这个时候怎么办? ································ 111

第2步 注意说话的方式 ································ 114

了解自己的内心 —————— 116　　让内心变得强大 —————— 118
整理好要说的话 —————— 120

方法1 说清楚理由和事实 ———— 121　　方法2 在心里编号排序 ———— 122
方法3 掌握协商规则 ———— 124

这个时候怎么办? ································ 126
学会既重视自己又重视对方的说话方法 ········ 128
方法1 用第一人称表达自己的心情 ·················· 129

漫画 什么是铺垫语? ························ 130
方法2 使用铺垫语 —————————— 131

这个时候怎么办? ································ 134
方法3 把事实和判断分开说 ———————— 137

漫画 沟通时要抓住话题 ···················· 138

第3步 真心想和对方沟通 ···················· 139

抓住沟通话题,掌握沟通技巧 ················ 140
怎么做对方才高兴? ························ 142
发现别人的优点 ···························· 144
"为了别人"其实也是"为了自己" ············ 146
重视自己的心情和感受 ···················· 148

漫画 列出愿望清单 ························ 152

漫画 勇敢做自己! ························ 154
你才是自己人生的主人公 ·················· 155
你是不是做得越来越好了?! ················ 157

漫画 变得更喜欢自己! ···················· 158

练习1 使用铺垫语 ···························· 132
练习2 这个时候,该如何开口? ·············· 141
练习3 想一想,做什么事会让对方高兴 ········ 143
练习4 列出愿望清单,找到自己想做的事情 ······ 150

写给爸爸妈妈的话 ···················· 160

第1章

了解自己

你对自己了解多少呢？
要想相信自己，首先就要了解自己，这很重要。
下面就通过了解自己的性格和情绪，
学习建立自信的方法。

漫画

了解自己很重要!

你们认为自己是怎样一个人?

勇于挑战 小·林

活泼开朗! 小·美

什么都不会 小·樱

小樱,你真的认为自己什么都不会吗?

你不是会骑自行车吗?你还会绘画呀!

嗯,这些我都会,可是……

小樱,每次考试你都考 100 分,钢琴你也弹得很好!

所以嘛,你不是"什么都不会"!

小美和小林都能说出自己的优点，表现很棒！

勇于挑战
小·林

活泼开朗！
小·美

不过，他们是不是也有不活泼不开朗、意志消沉的时候呀？

既有优点，也有缺点，这才是一个完整的自己！

只有全面地了解自己，才能在困难和挑战面前，知道自己应该怎么办！！

自己是什么样的人?

你知道自己喜欢什么、讨厌什么、擅长什么、不擅长什么吗?

你以为你很了解自己,实际上并非如此。

想想发生过的事情,再回忆一下当时的心情,你会进一步认识自己是什么样的人。下面,就来了解探究一下自己吧,这很重要。

我的性格?

因为我行动慢,
所以我是个慢性子。

喜欢什么样的
自己?

被朋友信赖时,
我很高兴,并为自己点赞。

受到表扬时,
是怎样的心情?

非常高兴,
还有点儿不好意思。

什么情况下会感到紧张?

在很多人面前讲话时,
我就非常紧张!

做做看！

1 自己是什么样的性格？

2 受到表扬时，是怎样的心情？

3 什么时候焦躁不安？

4 喜欢你自己吗？

自我性格诊断

それなら！
（全部都能解决！）

你说什么？
听上去蛮有意思的！

亮亮

为什么不通过**分析动漫人物的性格**来诊断自己的性格呢？

ポンッ
（OK——）

わーい！
（好啊！）

那就试试看！！

把自己的性格和**动漫人物相对照**，看看和谁最相配！

不要想得那么复杂，都来试试吧！

你是哪种性格？

A

- [ ] 乐于助人
- [ ] 遇事沉着冷静
- [ ] 被请求时不会说不
- [ ] 不想让别人看到自己软弱的一面
- [ ] 经常向朋友提建议
- [ ] 多次成为团队中的核心人物
- [ ] 有时努力过头
- [ ] 尽可能地想引起别人的注意

B

- [ ] 即使周围人的意见和自己不同也不介意
- [ ] 执着到底
- [ ] 追求完美
- [ ] 别人时常告诉我"也要听听大家的意见"
- [ ] 喜欢独自行动
- [ ] 如果不按照计划进行就会焦虑不安
- [ ] 偏爱喜欢的科目
- [ ] 行动前认真进行调查

A—D 四组选项中，哪些与自己相符，请在该选项前面画钩。

选项最多的组别就是你的性格类型。

最后再认真看看测试选项！

- ☐ 喜欢新事物
- ☐ 不擅长持续做一件事情
- ☐ 喜欢和朋友聊天
- ☐ 认为自己朋友很多
- ☐ 从不为琐事烦恼
- ☐ 总拖到最后才写作业
- ☐ 经常成为班里的焦点
- ☐ 总在寻找有趣的事情

- ☐ 能接纳别人的建议
- ☐ 不擅长在人前讲话
- ☐ 乐于配合朋友
- ☐ 可以的话，什么事都想认真做
- ☐ 看到别人开心就很高兴
- ☐ 被大家认为善解人意
- ☐ 经常担任班里的卫生监督员
- ☐ 总是最后才考虑自己

剑士类型

◆努力奋斗、值得信赖◆

特征

不拘小节，乐于助人，而且踏实能干。作为团队领袖，在学校表现也很活跃，经常冲在大家的最前面。因为被老师和同学信赖，所以严格要求自己，不会向别人展示自己的弱点。为了不辜负大家的期待，有时会努力过头。

遇到困难时，冲锋在前、值得信赖♪

请注意！

如果想要完成任务的心气太强，不仅周围的人看不下去，在一起的朋友也会受不了的。

如何提升自信……

要创造放松的机会

一直努力奋斗的话，不仅会筋疲力尽，有时还会累过头。为了避免此类事情发生，请珍惜放松的时间，创造机会，放松身心。

■□□

还要依赖周围的人

不要总是独自一人承担，可以把自己不擅长的事情交给别人做，也可以请人帮忙，这很重要。遇到困难时，要真实地传达自己的想法。

■□□

计划不要安排得太满

制订计划时，不要安排得太满，不要同时做很多事情。根据轻重缓急，有些事情可以放在其他时间做，这样会比较轻松。

魔法师类型

❖ 拥有自己的世界 ❖

如何提升自信······

行动时要放松心情

追求正确和完美的你，如果不按照计划采取行动就会焦躁不安。行动前有个大致的方案就行，这样心情才会放松，行动起来也会游刃有余。

■□□

做自己喜欢的事情，能提高干劲

制订计划时，要以自己感兴趣的事和擅长的事为中心，兼顾其他要做的事情。为了有更多的精力做自己喜欢的事，就会管理好时间，努力完成其他的事。

■□□

多和大家在一起，心情会愉快

虽然自己不太擅长去配合周围的人，喜欢单打独斗，但是有时也要和朋友一起去做喜欢的事情，这样心情会更加愉快。

就能坚持到底♥

做自己喜欢的事情，

特征

很有个性，有主见，不会随波逐流。对感兴趣的事情非常执着，有始终如一的坚强毅力。在自己还没打定主意时不会采取行动，甚至有点顽固，但是，一旦决定去做，就会干劲十足、勇往直前。

请注意！

自己过于执着，就会听不进别人的话。固执己见的话，大家就认为你做事喜欢自作主张。

舞者类型

❖ 挑战自我，对世界充满好奇 ❖

特征

做事很爽快，活泼开朗，充满好奇心，在班里很受欢迎。善于用有趣的想法和语言让人开心。因为喜欢新事物，所以兴趣广泛，想去挑战各种各样的事情，这是优点。但是兴致忽高忽低、忽冷忽热，不擅长把一件事情做到底。

我最喜欢做令人愉快的事情♪

请注意！

因为兴致飘忽不定，也有厌烦、没干劲的时候。为了不中途放弃，试着多想想办法。

如何提升自信……

聊些高兴的事情

你擅长交流，善于沟通，但是，不要让人觉得自己说话轻率、喜欢闲言碎语，要聊就聊让大家高兴的事情。

■□■ 专注一件事的时候要张弛有度

想做的事情太多，容易把写作业之类必须完成的事情往后拖。建议学习15分钟后休息5分钟，张弛有度，提高专注力。

■□■ 要挑战学习和运动

无论做什么事你都积极乐观，要发挥这一优点，挑战各种各样的事情，比如学习和运动。不管是否顺利，都会成为你宝贵的经验。

治疗师类型

◈ 用温柔的心抚慰大家 ◈

温文尔雅、善解人意♡

如何提升自信……

要倒推时间制订计划

因为做事不紧不慢，经常在规定的时间内完不成自己的事情。所以要采取倒推时间的方法，先制订计划，再去行动。

不要被周围人的意见所左右

因为你心地善良，处处为别人着想，所以很容易受到周围人的影响。请你一定不要被周围人的意见所左右。

不要对自己的心情说谎

有些事情明明很讨厌却还是去做了。如果忍受得太多，心就会累。建议要重视自己的感受，多为自己考虑考虑。

特征

内心温柔，做事不紧不慢，喜欢让别人高兴。即使委屈自己，也要去帮助别人。做事很认真，会体谅对方的心情采取行动。但是，经常会为了别人的事情而耽误自己的事情。

请注意！

你老实厚道，不擅长传达自己的心情。但是，如果不把自己的感受表现出来，别人是不会在意你的。

漫画

情绪是怎样产生的？

都好几次了，你总是逃避大扫除！

小葵

小晖

小莉

这种冰淇淋真好吃，是今年夏天的热销品！下次我们还买。

刚才你还那么生气，这会儿是不是不生气了呀？

因为冰淇淋太好吃了嘛！

看来小莉动不动就感情用事!

感情用事?

小莉，你太情绪化了!

我可从没想过情绪这种事。情绪是怎么一回事呀?

说到情绪，种类太多啦。从下一页开始，我就加以说明!

情绪是什么?

　　情绪就是自己在某种环境或场合产生的情感。有"喜悦""愤怒""悲伤"等许多种。人是感情动物,有各种各样的情绪反应是很自然的事情。积极快乐的情绪也好,消极低落的情绪也罢,都是你的真实情感,都很重要。

都是重要的真实情感

高兴　开心　真走运!　成功了!

有趣　喜气洋洋　干劲十足!

不安　懊悔　我会更加努力的!

失望　忧愁　斗志昂扬

情绪是可以控制的

1 试着接受"我有这样的情绪或感受"

现在，你有什么样的情绪或感受呢？拥有任何一种情绪或感受都是很自然的事情。你要试着接受"我有这样的情绪或感受"。这是事实，所以，你不要否定，更不要拒绝。

承认"我有这样的情绪或感受"，告诉自己"原来我是这么想的"，这才是真正地爱惜自己。

2 情绪能控制吗？

如果心情低落，就会感到痛苦。为了摆脱痛苦，就必须控制自己的情绪，摆脱低落的心情。你认为如何才能控制自己的情绪，不让自己心情低落呢？你可以给自己加油和鼓劲，把心情从低落调整到高昂。

当你高兴得手舞足蹈，禁不住想要炫耀的时候，就告诉自己：要冷静！从而及时止住想炫耀的情绪。

和自己的情绪和谐相处，及时调整自己的心情或感受，你就能平静下来，保持积极进取的状态。

下面，一起来学习各种情绪攻略吧！

从下一页开始，我来介绍各种情绪攻略!

各种情绪攻略

为了和自己的情绪和谐相处，下面就介绍各种情绪攻略。试着控制一下自己的情绪，不要被情绪所左右，更不要感情用事，否则会后悔莫及。

喜悦

写一写！

你什么时候会感到喜悦？

- ◆
- ◆
- ◆
- ◆

热衷于自己喜欢的事情；和朋友一起玩，心情就很愉快；受到表扬时也很高兴。这些快乐的情绪和感受就是"喜悦"。

攻略要点

- ☑ 试着用语言描述"喜悦"，心情会更好。

- ☑ 和周围的人分享自己的幸福和喜悦。

- ☑ 周围的人有可能心情不好，要适可而止。

什么时候会被感动?

感动

当你觉得某件事或某个人的行为很了不起时,你就会被打动,这种油然而生的心情就是"感动"。

攻略要点

☑ 满怀感动之情是件很美妙的事情。有时会深受感动,有时会微微被打动。大自然、音乐、绘画、运动、别人的关怀……希望这些都能令你感动。

☑ 容易被微不足道的事情感动,说明你身上具有"鲜活的感性",这会让人生变得丰富多彩。

☑ 如果被感动了,就用文字或照片记录下来吧。

恐惧

对未知的事物感到担心、害怕，或者对要做的事情感到不安的时候，就会感到"恐惧"。

写一写！

什么时候会感到恐惧？

- • • • • •

攻略要点

☑ 如果放任恐惧，就会越来越恐惧，所以要警惕。只要做好充分准备，采取对策去减少不安，恐惧感就会减少甚至消失。

☑ 试着对自己说"失败了也没关系"。进行深呼吸，让自己冷静下来，也能减轻恐惧感。

厌恶

写一写!

什么时候会觉得厌恶?

"厌恶"是对特定的人或事物，比如反面人物、重口味食物、不擅长的科目等，产生的不喜欢的情感。自己一旦有这种不愉悦的心情，能马上感觉出来。

攻略要点

☑ 如果知道什么情况下心情会变得不好，就能沉着应对了。

☑ 即使心情不好、觉得厌烦，也不可以攻击对方。如果不能控制厌恶的心情，就暂时离开那里。

嫉妒

拿自己和同学、朋友、兄弟姐妹相比，羡慕对方的时候，心情就会不愉快，变得讨厌对方，这就是"嫉妒"。

写一写！

什么时候会心里嫉妒？

攻略要点

☑ 羡慕对方是因为自己也想成为那样的人！那就把这种羡慕的心情转化为前进的动力吧。

☑ 不要只看别人的优点，也要看看自己有什么优点。

什么时候会感到惊讶？

惊讶

"惊讶"是某一瞬间表现出来的惊奇或难以置信之情。伴随而来的可能是幸运的喜悦，也可能是一时的困惑。

攻略要点

☑ 如果惊讶让人心情愉快，那么很多人都会露出笑容。

☑ 如果太过吃惊，就会心跳加速，呼吸困难，有些人还会被吓到，所以不要过于惊讶。

☑ 想让别人吃惊，最好是给对方一个惊喜，让对方高兴。

愤怒

对自己、别人或者其他事物感到烦躁、生气，积累到一定程度，就容易引发"愤怒"。极其愤怒时，会暴跳如雷，也会浑身发抖。

攻略要点

☑ 愤怒一旦发作，就会伤害到自己和别人，所以要控制好这种情绪。深吸一口气，或者把要发泄的话写在纸上，努力让自己冷静下来。

☑ 没有无缘无故的愤怒，愤怒都能查到根源。如果能了解自己为什么愤怒，解开心结，心情就会好起来。

写一写！

什么时候会愤怒？

- ·
- ·
- ·
- ·

慌张

事情没按自己的想法进展，难免着急，心情平静不下来，就会表现得比较"慌张"。一旦慌张，就容易焦虑和犯错误。

攻略要点

- ☑ 深呼吸，让心情平静下来。

- ☑ 恢复到平时的节奏，不要着急，考虑一下事情的来龙去脉，想清楚应该怎么做。待冷静下来后，再去推动事情的进展。

- ☑ 采取倒推时间法，可以避免慌张。

✏写一写！

什么时候觉得慌张？

- ◆ ∙∙∙∙∙∙∙∙∙∙∙∙∙∙∙∙∙∙
- ◆ ∙∙∙∙∙∙∙∙∙∙∙∙∙∙∙∙∙∙

悲伤

感到痛苦、想哭，这就是"悲伤"。悲伤常常和"孤独""可怜"等情感相关联。

写一写！

什么时候感到悲伤？

攻略要点

☑ 把悲伤长时间地积压在心里，人就会往坏处想。想哭的时候就尽情哭出来吧。

☑ 吃好吃的东西，和家人、朋友说说心里话，做自己喜欢的事情，这样做能逐渐恢复元气，治愈悲伤。

试着给自己的情绪打分

今天你有什么感受？心情如何？如果给自己的情绪打分，能打多少分？比如，十分愤怒的时候，给自己打 10 分。姑且将 10 分视为满分，试着给自己的情绪打分，希望你的心情会渐渐平静下来。

今天，你都产生了哪些情绪？

喜悦

悲伤

恐惧

嫉妒

愤怒

.... 的情绪

（满分 10 分）

分

.... 的情绪

（满分 10 分）

分

打分有助于让你平静下来，
这样，情绪就被控制住了！

这样做
能认识自己

你了解自己吗？知道自己是哪种性格吗？

估计大家未必了解自己。

其实，大人也一样。

那么，怎么做才能更好地了解自己呢？可以提示你几个要点。

自己是怎样一个人？

爱闲聊

喜欢指挥人

什么都想知道

很容易消沉

如何认识自己？
要点提示

1 尝试做自己喜欢的事

你喜欢做的事情、让你兴奋的事情都有哪些？什么事情让你感到快乐？认真想想吧。坚持做自己喜欢的事情，就会知道自己想做什么和适合做什么。

2 专注于眼前的事

眼前有正在做的事，也有必须做的事。比如写作业和温习功课。努力做好眼前应该做的事情，或许会从中发现适合自己做的事情。

3 试着把想到的事情写下来

心里乱糟糟或者理不清头绪的时候，推荐运用第42页介绍的"蜘蛛网"思维。先在纸的正中间写上"喜欢"，试着把想到的事情一一写下来。

给自己写
留言！

想对现在的自己说些什么呢? 写下来, 可以自由发挥哦。

第2章

培养自信

遇到问题的时候，
你会不会容易往坏的方面想？
如果换个角度，或许会看到好的一面。
试一试，改变看问题的角度，
把目光投向人和事物好的一面。

漫画

换个角度看问题

小樱和小林一起制作海报
效果不好，再重新设计吧！
ビリ（唰）
ビリ（唰）
小樱
小林
其实可以稍微改一下的……
做好了！！！
儿童节的通知
设计大胆，效果真不错！
那是因为你的底图画得好。

的确，现在这个方案很棒！

我以前觉得小林不是很好合作，

但是换个角度看，他做事果断，精益求精，水平也不错！

看来，小樱对小林有了新的认识。

换个角度看，就会有新的发现！

把消极的话
换成积极的话

消极
－

积极
＋

说积极的话

要想拥有自信，首先就要说积极的话。积极的话乐观向上，让人激动、兴奋。比如，"谢谢你""我很高兴""太好了""没关系"。说积极的话，心情会很愉快，想法也很积极。心情不好时，容易说消极的话。这样，心情就会越来越差。

这种情况下，试着说积极的话，改变一下看法。

说积极的话，想法也会变得积极向上。

表现性格的词语也一样。比如，"阴郁""阴沉"这样的词语会给人留下不好的印象！试着把这些词语换成积极正面的词语。赶紧试试吧。

给性格换个说法

把以下词语换成积极词语！

替换前	替换后
顽固 ⇨	
多管闲事 ⇨	
得意忘形 ⇨	
狂妄自大 ⇨	
散漫 ⇨	
脾气火爆 ⇨	
窝囊废 ⇨	

顽固	……	意志坚强、执着
多管闲事	……	热心、乐于助人
得意忘形	……	热情、开朗、快乐
狂妄自大	……	头脑灵活、自信、能力超群
散漫	……	豁达、不拘小节
脾气火爆	……	感情丰富、精力充沛
窝囊废	……	心思细腻、做事慎重

你是什么样的性格？

得过且过

意志消沉

吊儿郎当

用积极的词语描述自己的性格

你是什么样的性格？得过且过？意志消沉？

像这样只说自己的缺点，一味贬低自己的话，心情就会变得很糟糕，还会失去干劲。

得过且过 ➡ 顺其自然，从容淡定

意志消沉 ➡ 性格沉稳，勤于思考

像这样，用积极词语表达自己的性格，是不是你就感觉自己很不错呀？看来，语言真的会改变心情、调整心态的。

口渴时如何看待"半杯水"？

想要有自信，就要对事物持积极乐观的态度，这很重要。试着乐观地看待现状吧。不过，实际情况不一样，态度也要发生变化。

乐观地看……

杯里还有半杯水！

杯里只剩半杯水……

就算喝完了，也可以再续满，那就全部喝了吧！

就剩半杯水，还是省着喝吧……

但是，如果是在沙漠里呢？

幸好没全都喝完！

都喝光了……

认识自己的优点

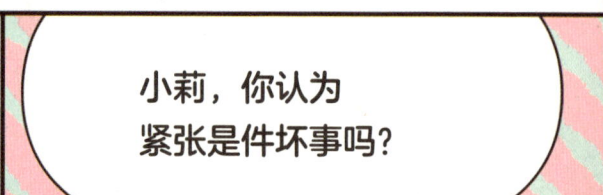

积极发现 自己的优点

经常使用积极词语，就能发现自己的优点。

把对自己的消极认识转变为积极认识，试着从自己身上寻找更多的优点。

"这是我最讨厌自己的地方。"如果换个角度看，这是你独一无二的个性，你觉得令自己讨厌的地方恰恰是你的优点，那么独特的个性就成为"你喜欢自己的地方"。

那就积极寻找自己的优点吧！

它们一定会带给你自信的！

当你发现自己的优点时

1 就会喜欢自己

2 不擅长的事情也会努力去做

3 即使犯了错误也不会灰心丧气

知道自己有这么多的优点，你会非常开心！

运用"蜘蛛网"思维
了解自己的性格

有一种方法可以整理思绪和内心，这种方法就是"蜘蛛网"思维。
心情郁闷的时候，脑子里乱糟糟的时候，可以试试这种方法。

（做法）

1 准备一张大纸。

2 在纸的中心位置画个圆圈，在圆圈里写上自己思考的主题。

3 围绕这个主题，你想到什么就写什么，小故事、人物、
当下的心情、词语、短文都可以。

4 把写下的内容用线连起来，边写边连！

5 不要考虑太多，只管把想到的都写出来。

（示例）围绕"自己的性格"这一主题，试着运用"蜘蛛网"思维把想到的都写出来。

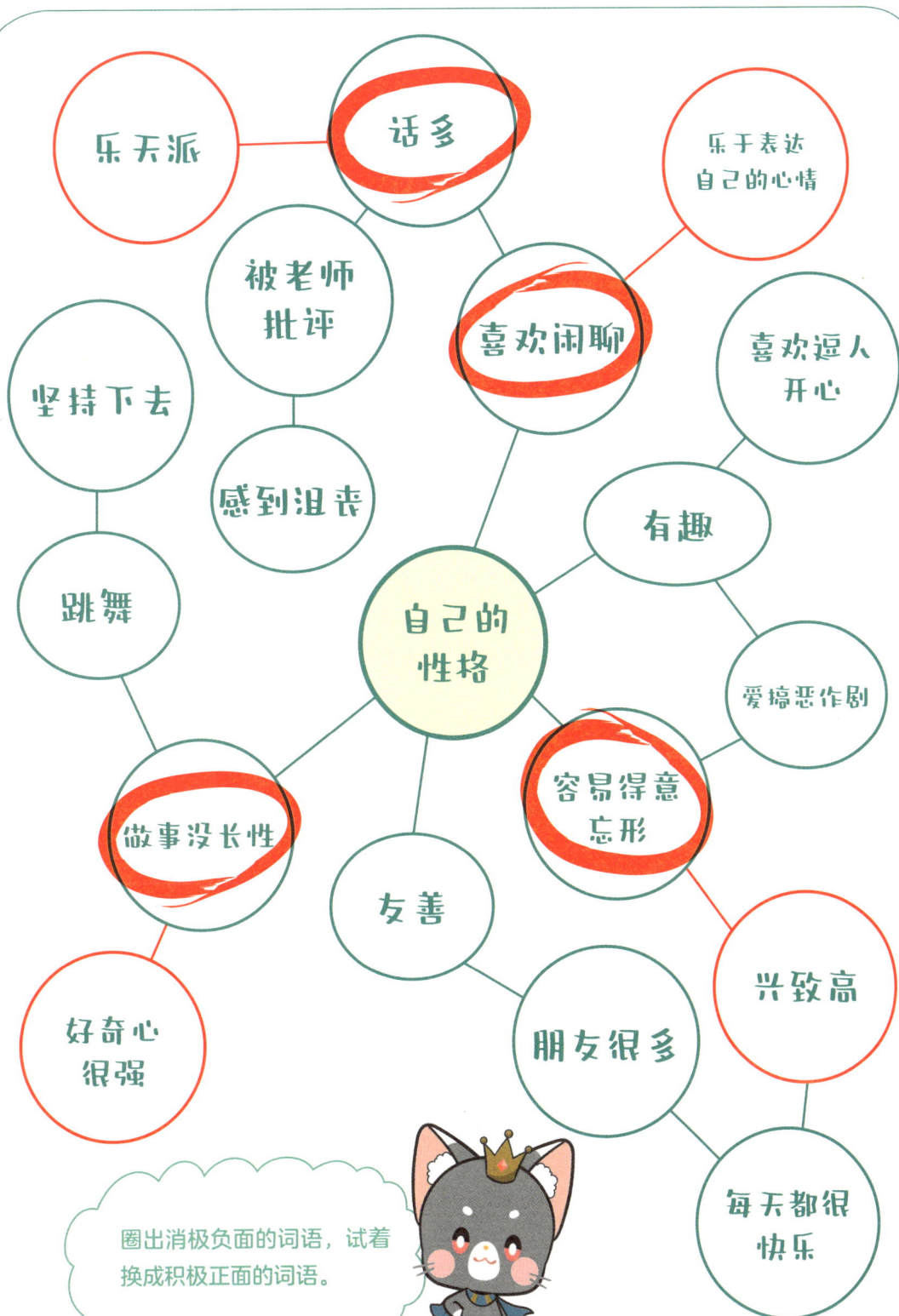

乐天派

话多

乐于表达自己的心情

被老师批评

喜欢闲聊

喜欢逗人开心

坚持下去

感到沮丧

有趣

自己的性格

跳舞

爱搞恶作剧

做事没长性

容易得意忘形

友善

好奇心很强

兴致高

朋友很多

每天都很快乐

圈出消极负面的词语，试着换成积极正面的词语。

运用"蜘蛛网"思维描写自己的性格

自己的
性格

自己的优点也好，缺点也罢，
不必多想，想起什么就写什么！
然后把消极负面的词语
换成积极正面的词语。

试着运用"蜘蛛网"思维发现自己的优点！

漫画
积累小小的成就感

嗨，住手！

好英武呀！

我也想像她一样，当个国际警察。

你的英语不好，过不了关吧?!

我的英语确实不行，还是放弃吧……

小美，难道就这么放弃了吗?

ズイ

(唉?)

这不是你的梦想吗?!

可我实在不行啊！
我的英语太差啦……

如果逃避自己不擅长的事，就永远无法成为理想中的自己。

通过完成一个个的小目标，

理想中的自己

你就能一步步地实现自己的理想！

没有什么不可以！先从自己能完成的事情开始吧！

一点点积累
成长和进步

不要和别人比

要和以前的
自己比

要比就和以前的自己比

什么会妨碍自信？就是总拿自己和别人比。

"要比她成绩好！""赛跑一定要赢了他！"

你是不是经常这样拿自己和别人比？

你觉得"自己比别人好"，这叫优越感。可是，一旦遇到更优秀的人，

你又会觉得"自己比那个人差"，这叫自卑感。

要比就和以前的自己比。

不和别人比，就和自己比。

自己新学会了什么？

自己哪些地方变得更好了？

自己有了什么样的进步？

和别人比，如果给自己增添了干劲，那当然很好……

不过，和以前的自己比，会变得更关注自己，而不再在意周围的人如何看你，

从而更容易发现"我做到了！"。

把心态放平稳，会越来越喜欢自己的！

自己以前做不到

自己现在做到了

总和别人比，出现问题时就容易把责任和抱怨往别人身上推。
把注意力放在自己身上，这很重要！

"我做到了!"

——发现自己的成长和进步

当你完成一件事的时候，你是不是觉得自己成功了呢？

比如，能在单杠上翻身，能写一手好字，能用自己攒的钱买文具……

事情再小，你也完成了。

就像对邻居问声"早上好!"这种小事，你也做到了。

不要和别人比，要和以前的自己比。

你"能够做到的事情""已经做到的事情"，应该还有很多，

试着去发现吧。

再小的事情也要做好!

在门口把鞋
摆整齐

帮妈妈
准备晚饭

早上起床
不用妈妈叫

自己收拾好
书桌

和以前的
自己比

把自己已经做到的事情和能够做到的事情写在下面。
想到什么就写什么。

和 5 岁时比，自己现在能做的事情是：

（例）会写汉字了。

和一年前比，自己现在能做的事情是：

（例）会骑自行车了。

和昨天比，自己今天能做的事情是：

（例）会运用新的成语了。

想不出来的话，
可以问问家里的人！

接受自己的全部

> 小樱：虽然觉得自己挺好的，但是讨厌自己烦恼的样子。

> 小喵：烦恼也是生活中重要的一部分，不用强求自己改变。

> 小樱：认可自己，似乎很难……

你喜欢自己吗？

每个人都有自己的"个性"，有积极的一面，也有消极的一面，有"表"也有"里"。

无论是一时消沉的你，还是积极向前的你，都是你的一部分，全部加起来才是一个完整的你。

只要不是太烦恼就好！！

不过，要想成为更好的自己，自信与努力很重要。

用日记记录"我做到了！"

今天你做了哪些事情？即使是很小的事情也没关系，

试着把你今天已经完成的事情和正在努力做的事情写下来吧！

（示例） 如何在日记中写下"我做到了！"

① 回想一下当天已经做完的事情。

② 分别写出 3 件已经做完的事情和正在努力做的事情。

（不用每天都写）

③ 给做了很多事情的自己打分。

什么事情都可以写下来！

★已经做完的事情　　★现在的状态

★正在努力做的事情　　★理想的状态

什么时候写都行！

1	2	3	4
★主动向老师问好	★	★	★打扫了教室
★摆好了门口的鞋	★	★	★自己买了笔记本
★今天起得早	★	★	

5	6	7	8
★做了早饭	★洗澡后洗了内裤	★	★把垃圾分类 　　放入垃圾箱
	★向同学道谢	★	
		★	

用日记
记录"我做到了!"

1 ★ ★ ★	2 ★ ★ ★	3 ★ ★ ★	4 ★ ★ ★	5 ★ ★ ★
6 ★ ★ ★	7 ★ ★ ★	8 ★ ★ ★	9 ★ ★ ★	10 ★ ★ ★
11 ★ ★ ★	12 ★ ★ ★	13 ★ ★ ★	14 ★ ★ ★	15 ★ ★ ★
16 ★ ★ ★	17 ★ ★ ★	18 ★ ★ ★	19 ★ ★ ★	20 ★ ★ ★
21 ★ ★ ★	22 ★ ★ ★	23 ★ ★ ★	24 ★ ★ ★	25 ★ ★ ★
26 ★ ★ ★	27 ★ ★ ★	28 ★ ★ ★	29 ★ ★ ★	30 ★ ★ ★
31 ★ ★ ★				

试着把当天完成的事情写下来。

再小的事情也写下来。

这样，会发现自己做得越来越好！

1 ★ ★ ★	2 ★ ★ ★	3 ★ ★ ★	4 ★ ★ ★	5 ★ ★ ★
6 ★ ★ ★	7 ★ ★ ★	8 ★ ★ ★	9 ★ ★ ★	10 ★ ★ ★
11 ★ ★ ★	12 ★ ★ ★	13 ★ ★ ★	14 ★ ★ ★	15 ★ ★ ★
16 ★ ★ ★	17 ★ ★ ★	18 ★ ★ ★	19 ★ ★ ★	20 ★ ★ ★
21 ★ ★ ★	22 ★ ★ ★	23 ★ ★ ★	24 ★ ★ ★	25 ★ ★ ★
26 ★ ★ ★	27 ★ ★ ★	28 ★ ★ ★	29 ★ ★ ★	30 ★ ★ ★
31 ★ ★ ★				

说说这件郁闷的事……

小丽

你们说什么呢？聊得那么起劲？

啊哈哈！没聊什么，不值得一提！

え!?
（啊？！）

她们到底在聊些什么？为什么不能告诉我呢？

把你的这种郁闷心情写下来吧！

试着写下
自己的心情

你可以在
没人的地方
大喊大叫！

啊——

把自己的情绪发泄出来

你有没有过郁闷和烦躁的时候？

这个时候，不管用什么方式，都要把这种郁闷和烦躁的心情发泄出来。

可以在纸上写下来，也可以画下来。写完画完后把纸扔掉！

发泄过后，心情就舒畅了。

还可以在没人的地方大喊大叫，哇哇大哭也没有关系！

都说泪水能洗涤心情……

下面就来学习发泄情绪的方法。

写下自己的心情

（示例）

怎么又是我？！

唉！好郁闷啊……

不关我事！！

真讨厌……

不想做！

试着把自己的心情写下来，就能了解自己平时的情绪状态，慢慢去学会审视和掌控自己的情绪。

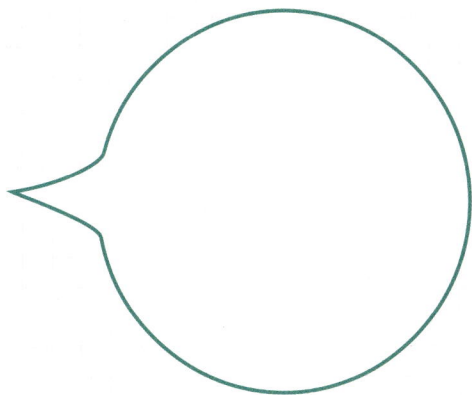
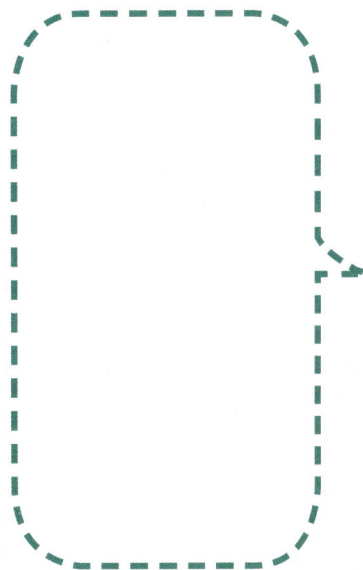

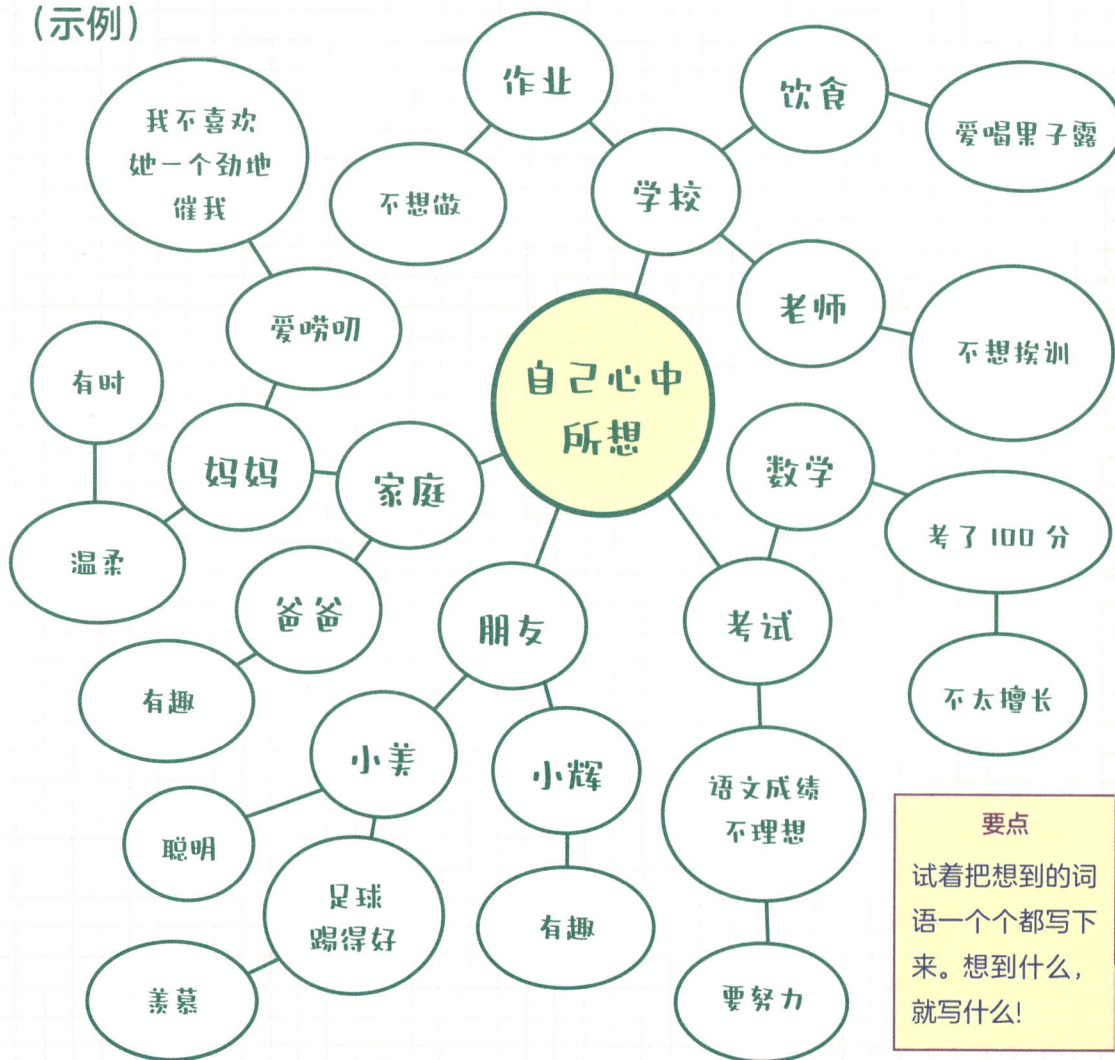

运用"蜘蛛网"思维写下心中所想

运用第 42 页介绍的"蜘蛛网"思维，写下自己心中所想。

（示例）

- 自己心中所想
  - 学校
    - 作业
      - 不想做
    - 饮食
      - 爱喝果子露
    - 老师
      - 不想挨训
  - 家庭
    - 妈妈
      - 爱唠叨
        - 我不喜欢她一个劲地催我
      - 有时
      - 温柔
    - 爸爸
      - 有趣
    - 朋友
      - 小美
        - 聪明
        - 足球踢得好
          - 羡慕
      - 小辉
        - 有趣
  - 数学
    - 考了100分
    - 不太擅长
  - 考试
    - 语文成绩不理想
      - 要努力

要点
试着把想到的词语一个个都写下来。想到什么，就写什么！

✎写写看！

自己心中
所想

漫画
你了解自己的心情吗?

用"蜘蛛网"思维调整情绪

1
检查写好的"自己心中所想"

写完之后，看一看哪些地方你写得最多。写得最多的地方是你禁不住要写的，里面包含着你的很多感受，所以要引起你的重视。

2
试着感受自己的情绪

你有没有发现每个人有各种各样的情绪？有"喜欢""快乐"这样积极的情绪，也有"讨厌""不想做"这样消极的情绪。看看自己是不是有这两方面的情绪？试着好好感受一下吧。

3
要控制住情绪

如果情绪表现得太过强烈，很多时候自己都不知道该怎么办。这种情况下，看看之前讲的各种情绪攻略，学习和掌握控制情绪的诀窍吧。

学会和另一个自己对话

　　试着问自己问题，就像和另一个自己对话。

　　可以一边提问，一边写答案，有助于整理纷杂的头绪和内心的烦乱。

　　这样就能让自己冷静下来，也能考虑以后该怎么做了。

写法要点

❶到底发生了什么事？要写得简单明了。

❷试着回想当时的心情。

❸写完后再好好看看，仔细考虑考虑。

（示例）发生了什么事情？

看到好朋友和别人一起去玩。平时她都约我玩，今天却没有约我。觉得好朋友背叛了自己，感到伤心难过。

1. 自己心里是怎么想的？

是不是自己做了让好朋友讨厌的事情？

万一自己被孤立了，怎么办？

2. 如果换成另一个自己，会怎么想呢？

也许好朋友以为我今天要练钢琴，不能出去玩。

因为她们两人在同一个俱乐部活动，很可能是一起去俱乐部了。

3. 心情是不是发生了变化？

写出来就觉得畅快了！

4. 试着把发现的问题写下来

自己主观判断是"好朋友背叛了我"。

冷静地想一想，很可能不是那样，所以用不着伤心难过。

如果想和好朋友一起玩，自己应该拿出勇气，主动邀请对方一起玩。

问问另一个自己

发生了什么?

1 自己心里是怎么想的?

2 如果换成另一个自己,会怎么想呢?

3 心情是不是发生了变化?

4 试着把发现的问题写下来

发生了什么？

1 自己心里是怎么想的？

2 如果换成另一个自己，会怎么想呢？

3 心情是不是发生了变化？

4 试着把发现的问题写下来

漫画
失败了也没关系！

(加油！)

哎呀！！

(加油！)

3

那个时候要是我没有丢棒的话……

如果赛前多练练交接棒就好了……

小美

小美，你已经尽力了呀！

再说，能从失败中吸取教训，也是你的一次宝贵经历！

每个人都有失败的经历，都可能犯这样那样的错误，其实这都是我们宝贵的经验啊！

是吗？可是，我多想再跑一次，我不想失败……

失败后要调整好心情

从失败中可以学到很多东西！

失败了也没关系

"一定不要失败"，我们理所当然会有这样的想法。

但是，即使成年人也常常要从失败中吸取经验。

正确对待失败，可以从中学到很多东西。

比如，你早上睡过头，上学迟到了。你会觉得自己给大家添了麻烦，很对不起大家。

正因为有这样的愧疚感，你就会意识到"不能睡懒觉，睡前要上好闹钟"。

很多事情只有失败了，才能意识到问题出在哪里，所以失败并不是坏事。

试着学习一下如何调整好失败后的心情吧。

向失败学习

谁都有失败的时候，不只是你。

失败了难免会意志消沉，情绪低落，做事缩手缩脚。

如果能换位思考一下，迅速调整好自己的心情，那么不仅能提升自信，还能坦然面对失败。如果能够战胜失败并且取得成功，那么就进一步增强了自信。"哪个地方出现了失误？""今后要吸取什么教训？"回过头来认真分析失败的原因，及时总结教训，就会有不少收获。

这就是"从失败中学习"。

当然，你也可以对自己这么说：没关系，争取下次成功！

试着这样想！

哪个地方出现了失误？

今后要吸取什么教训？

没关系，争取下次成功！

反思失败，吸取教训

反思失败，并试着写下来。

1 哪个地方出现了失误？

（示例）没能顺利地接过接力棒。

2 自己应该做的事情是什么？

（示例）多练练交接棒，注意力更集中就好了。

3 今后要吸取什么教训？

（示例）我觉得在正式比赛前，除了自己要练好交接棒，大家
一起练习也很重要。接下来还要和大家配合好。

对自己说："失败未必不好！"

失败时，会因为自己没做好而沮丧。

这时，请对自己说："失败未必不好！"为什么这么说呢？因为这可以促使你去思考为什么失败，就会有另外的看法和收获。无论发生什么事情，你只要想着"这次失败经历也挺好的，让我学到了很多东西"，以后再遇到困难时，就不会怯懦，就会更有自信、更有勇气去克服。

可以说，不敢于经历失败，不敢于接受挑战，就难以实现自己的理想。

失败未必不好！为什么这么说呢？

下雨了，没有带雨伞也未必不好呀！

好在朋友借给我了，不过，下次可能就没这么好运了，出门前一定记得看天气预报。

为什么这么说呢？

为什么说 "失败未必不好"？

以下各种失败未必不好！为什么这么说呢？请试着回答。

1 周末晚起未必不好。为什么这么说呢？

（示例）因为这周总是睡眠不足，这次睡够了，感到精力充沛。

2 和朋友吵架未必不好。为什么这么说呢？

（示例）认识到自己的缺点，体会到朋友的感受。

3 钱包丢了未必不好。为什么这么说呢？

（示例）钱包被别人捡到并送到派出所，让我感到人性的善良。

区别对待自己能改变的事情和
不能改变的事情

　　有自信的人会区别对待自己能改变的事情和不能改变的事情，决不会感情用事。

　　他们能心平气和地接受自己不能改变的事情。比如，"这次考试成绩不理想"或"朋友正在和自己不喜欢的人交往"之类的事情，都是自己已经无法改变或无力改变的事情，那就接受这些事情吧。

　　因为即便自己一天到晚郁闷不已，这种事情也不会有任何改变。

　　所以，还是要把心思放到自己能改变的事情上面，也就是把时间和精力用在能够解决的问题上，并积极采取行动。

　　在行动的过程中，你会变得越来越自信。

　　这样，事情才会往好的方向发展，才会越来越顺利。

情绪是改变不了
结果的……

有些事情不能改变，
有些事情能够改变。
既然这样，你就应该去关注
能够改变的事情！

尝试制作
问题解决图表

先写出自己不能改变的事情和能够改变的事情。
相信你会找到解决办法的。

（示例）问题：**想拥有属于自己的空间。**

1. 自己不能改变的事情

没有多余的房间，也无法让家里的房子变大。

2. 可以采取行动改变的事情

竖起隔板，或是利用书架，间隔出属于自己
的空间。

3. 怎样做才能切实可行呢？

和爸爸妈妈商量一下。

练习 10

制作
问题解决图表

参考第 77 页，写出自己目前不能改变的事情和能够改变的事情，思考自己想要解决的问题，进一步寻找问题的解决办法。

问题

1 自己不能改变的事情

2 可以采取行动改变的事情

3 怎样做才能切实可行呢?

明白了哪些事情是不能改变的，哪些事情是可以改变的，
你就能找到解决办法，知道自己该采取什么行动!

拜托大家了!

想要解决的事情

可以依靠你的
朋友和家人哟!

重视
挑战精神

谁都会在失败后情绪低落，这是可以理解的。

但是，失败既是教训也是财富，对自己的人生有非常重要的指导意义。

大发明家爱迪生一生中经历了无数次失败。对他而言，那些失败的经历并不意味着失败，而是表示他发现了成千上万种未能成功的方法。

失败后无法再向前迈出一步的时候，要像爱迪生那样，把经历失败当作是发现了不顺利、不成功的方法，然后再次挑战。失败是一门学问，值得学习和研究。无论小孩还是大人，都要有挑战精神，这很重要。

失败中暗藏着新发现

成绩太差了……

知道了
自己的不足

下一次考试
一定行

明确了
努力的方向

情绪低落时的调整方法

情绪低落时，应该怎样调整呢？方法有很多，比如，散步、锻炼身体、品尝美食、听轻松的音乐、看喜欢的电影……尽快让自己快乐起来！试着寻找让自己快乐起来的事情吧。

掌握调整情绪的方法

去运动

弹奏喜欢的曲子

专注于正在做的事情

说支持和鼓励自己的话

打破"消极循环"

你有没有对自己说过这样的话？

"无论怎样我都不行……"

"我做不到！"

"这样做对吗？"

"不会顺利吧……"

使用这样的语言，会在大脑中形成"消极循环"。一旦形成"消极循环"，可就麻烦了。因为接下来脑海里就会不停出现消极负面的想法。

话又说回来，爱惜自己，到底是什么意思呢？

爱惜自己就是对自己说鼓励的话。

要打破这种"消极循环"，就要使用积极的语言。

使用积极正面的语言，就会在大脑中形成"积极循环"。

"我没问题的！"

"我做得到！我会加油的！"

"感觉不错！"

"一定会顺利的！"

鼓励自己，养成使用积极正面语言的习惯，心情也会变得乐观阳光，变得更加自信。

就像鼓励朋友那样，对自己也要说鼓励的话。

大声说出鼓励自己的话

你什么时候会感到沮丧、难过、消沉呢？

是被人嘲笑的时候？

还是没有融入朋友圈的时候？

当然也有无缘无故感到消沉的时候。

这些时候，一定要对自己说些鼓励的话。

说鼓励自己的话，最重要的是发出声音，让自己听清楚。

试着大声说出鼓励自己的话，把声音传达给自己的耳朵和内心。

这时候要鼓励自己

被同学孤立的时候

感到沮丧或难过的时候

说出
鼓励自己的话

试着大声说出鼓励自己的话

（示例）

"没问题！"

"我能行！"

"你不是很努力吗？！"

"一定可以的！"

"会有办法的！"

"还有下一次！"

你说过支持和鼓励自己的话吗？

　　谁都有不喜欢的事情和讨厌做的事情。今后一定还会遇到这样的烦心事。

　　为了熬过去，一定要相信自己，支持和鼓励自己。

　　一旦说出"我不行""我根本做不到"这类批评和否定自己的话，就打击了自己的干劲，导致自己不能发挥真正的实力。所以，自己无论何时都要相信自己，支持和鼓励自己！

无论发生什么都要支持和鼓励自己！

失败了，
不要气馁！

因为我勇敢地去做了，
所以我很棒！

自己给自己加油！

别人对你说"加油！"时，你就会产生前进的动力吧？

试着自己对自己说："加油！""没问题！"你会觉得事情虽然很难，但是相信自己能做到。

如果事情做得比较顺利，你就提升了自信；即便不顺利，你也应该表扬一下自己：因为我不怯懦，勇敢地去做了，所以我很棒！

说些给自己加油的话吧！

你已经很努力了呢！

没什么大不了的。

自己给自己加油吧！

为自己加油，成为自己的伙伴，就应该在困难的时候助自己一臂之力。

遇到困难时，试着对自己说："我一定能做到！""会有办法的！"这些话对自己很有帮助。

说出
支持自己的话

练习说支持自己的话。

试着大声说出下面的话。

当别人嘲笑你的穿着时

·很潇洒呀! 你们竟然看不出来? !　　·适合自己的才是最好的!

·面料感觉特别舒适。　　　　　　·看起来很有朝气呢!

·每个人判断事物的标准不一样，做好自己就好!

当别人嘲笑你的体型时

·这叫"治愈系"。　　　　　·你们也太瘦了吧? !

·我看上去很厚道吧。　　　　·胖嘟嘟的多可爱呀!

·说明我性格随和好相处。

当别人嘲笑你的身材不高时

- ·有志不在身高！
- ·还能再长高的！
- ·我小巧可爱！
- ·重要的是胸怀宽广。
- ·万物平衡，有高就有矮嘛。

被别人嘲笑的时候，思考并写出支持自己的话。

赐予自己勇气和力量吧！

要有独自一人的勇气

是不是有些时候，你为了配合大家，却让自己很辛苦？

"我对这个活动没兴趣，但是实在说不出口。"

"不和大家一起去的话，我会觉得不安。"

像这样，因为在意周围人的目光而压抑自己真实的感情，就会很累。当你和别人在一起，觉得"不知该说什么""好尴尬啊"时，要有"独自一人的勇气"，因为自己一个人也很好。

做做看！　找出符合自己的选项，把序号圈出来。

1. 能独自乘公共汽车；

2. 能独自居家做自己的事；

3. 能参加周围都是陌生人的聚会；

4. 可以一个人去老师办公室；

5. 好朋友和别人交往也没关系；

6. 被邀请时，如果自己有事，就会婉拒对方；

7. 认为勇于提出反对意见的孩子很棒；

8. 觉得别人是别人，自己是自己；

9. 大家都知道，就自己不知道时，敢于说"我不知道"；

10. 认为人和人不一样，所以每个人的想法不一样是正常的。

你能圈出几个选项呢？

0～3 个选项的你

你是不是很容易感到寂寞？
试着一点点地，一个人也能做很多事情就好了。

◆ ◆ ◆ ◆ ◆ ◆ ◆ ◆ ◆ ◆ ◆ ◆ ◆ ◆ ◆

4～6 个选项的你

你基本上已经可以独处了。
离有勇气独处还差一步，从能做的事情开始吧。

◆ ◆ ◆ ◆ ◆ ◆ ◆ ◆ ◆ ◆ ◆ ◆ ◆ ◆ ◆

7～10 个选项的你

你有独自一人的勇气。保持这种状态，加油！

认可自己，
你才能更自信！

　　把自己和别人比较，或者太在意别人的看法，自己就会不相信自己：
"什么？这样可以吗？""这样做可能不行……"

　　于是，渐渐失去了自信。

　　不相信自己的时候，首先要搞清楚自己的真实想法。

　　了解自己的心情，明白自己想做什么之后，就会认可自己，

　　即使这次没有成功也没关系。

　　人无完人！

　　要认可自己！

　　要相信自己！

只要相信自己，就会……

1 保持积极向上的状态。

2 觉得失败了也没什么大惊小怪的。

3 给自己增添勇气。

在便笺上写出 3 件好事，来认可自己

想认可自己，就要抱有对小事情感到高兴的态度。这很重要。从今天发生的事情中找出 3 件这样的好事，在便笺上写下来吧。

3 件好事的写法

① 回想当天发生的事情。

② 5 分钟内写出 3 件让你高兴的好事。

书写要点

1

写出今天发生的事情

多小的事情都可以，试着在便笺上写下来。

2

养成善于发现好事的习惯

一旦发现自己以前不在意的小事情其实蛮让人高兴的，就会很开心。坚持做下去，养成习惯，发现生活中有很多这样的好事，就会喜欢上自己。

3

轻松面对

不必要求自己必须写出 3 件好事，可以怀着轻松的心情，想想"发生了什么事情让你感到高兴"吧。

练习 **13**

在便笺上写出 3 件好事

（示例）

○ 月 ○ 日
★ 受到老师表扬
★ 午饭是咖喱牛肉饭
★ 公园人很少，
玩了很多游乐设施

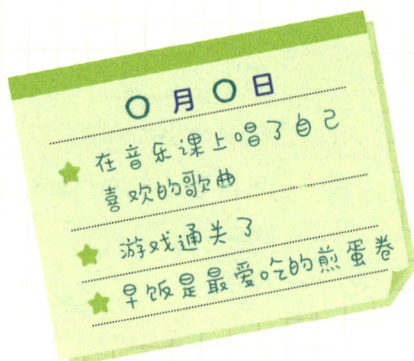

○ 月 ○ 日
★ 在音乐课上唱了自己喜欢的歌曲
★ 游戏通关了
★ 早饭是最爱吃的煎蛋卷

月　日
★
★
★

月　日
★
★
★

月　日
★
★
★

月　日
★
★
★

月　日
★
★
★

信心"魔法"口诀

觉得自己怯懦、不自信的时候，试着念念这两条"魔法"口诀！

没什么大不了的！

一定会顺利的！

第3章

提高沟通能力

你和朋友、家人、老师沟通顺畅吗?
其实,沟通是培养自信不可或缺的东西。
下面就来学习既重视对方的心情又重视自己的心情的
沟通方法。

漫画
学会沟通

关于举办班级活动

我们可以将课文里的故事排成话剧。

话剧？没意思！
还是搞个捉迷藏比赛比较好。

我两个都反对！
球类比赛最好！

都不要着急！

说出自己的意见，这很好，可是，不听别人的意见，硬让大家接受自己的意见，这样做就不太好了呀！

我在听别人的意见呢……

可别人一说，你马上就表示反对，这相当于根本没听进去别人的意见。

如果认真听听大家的意见，

也许你能想出更好的办法。

既重视对方的意见，也重视自己的意见，这样的人才是沟通高手！

善于沟通的话，会带来很多益处。

良好的沟通有利于维持良好的人际关系

处理好自己与家人、同学以及老师的关系，可以提升自信心。

认真听对方说话，把自己想表达的东西很好地表达出来，人际关系的压力就会减小。为了建立良好的人际关系，学习掌握既重视自己又重视对方的沟通方法吧。

彼此沟通顺畅时

自信

太棒啦！

这样不仅能提升自信心，还能进一步提高沟通能力！

漫画
良好的沟通有利于提升自信心

沟通既要重视对方，也要重视自己

"不能很好地说出自己的想法。"

"和朋友吵架后，怎样才能和好呢？"

"明明心里不同意，嘴上却不能说出来。"

怎样才能更好地向对方传达自己的想法呢？不少人经常为此而烦恼。

如果表达得好，心情就会轻松舒畅。如果自己觉得"说了也没用"，就会忍住不说，或者认为"算了吧"，敷衍过去，这样做会导致自己的压力越来越大。

每个人都有自己的想法和感受，即使对方的想法和行为方式与自己不同，也要试着接受对方，做到相互认可。

真心想和对方建立联系，彼此好好交流，这是提高沟通能力的根本和核心。

试着练习一下，把既重视对方也重视自己的心情表达出来。

如果你能掌握既重视对方又重视自己的表达方法，就太好了！

不知道怎样和他打招呼才好……

该和她说什么呢？

怎样才能做到既重视对方又重视自己？

1 认真听对方说话

首先要认真听对方说话，边听边感受对方的心情，理解对方想对自己表达什么。

2 讲究措辞

然后搞清楚自己的心情和想法，认真思考并整理好要说的话，试着以对方可以理解的方式说给对方听。

怎么说才好呢？

3 真心想和对方沟通

真心想了解对方，这点很重要。要考虑和顾及对方的心情，做到体谅和理解对方。

听对方说话

这时，老师走进了教室，这下可不得了了……

小洁

噢……

大明

当时你恰巧不在，所以不知道……

我在说话，你有没有在听啊？！

啊？！什么什么？我在听啊……

刚才你是不是在想别的事情？！

我本来是想听的……

认真
听对方说话

别人跟你说话时，你有没有这样做过？

在考虑别的事，心不在焉

打断对方说话

听我说！

问个不停

昨天你都干什么啦？

你有没有在认真听对方说话？

你看似在听对方说话，实际上你要么在想别的事情，要么只顾着说自己的事情，对方说的什么，你根本就没听进去。首先要认真听对方说话，这对彼此的沟通和交流很重要。

询问和回复对方时，一定要有重视对方的态度。

态度要
真诚和专注

真 ····· 眼神交流·恰当应答

对方说话时要看着他的眼睛，同时恰当应答："原来是这样啊！""啊，是吗？"让对方感到"有人在听我说话"，这样他会感觉到被尊重。

诚 ····· 点头

边听边适当点头，表明"我正在认真听"。很多人聚在一起说话时，你也可以时时点头示意。

专 ····· 笑容

如果你的表情凝重，那么对方很难继续往下说。建议你带着笑容听对方说话，除非你们在谈论严肃、紧急或悲伤的话题。

注 ····· 听完为止

如果对方肯对你说心里话，就要感激他对你的信任，不要打断他的话，认真听他把话说完。这点非常重要。

你的反应很重要

善于对话的人，未必能说会道。真诚、专注地听别人说话，巧妙地引导对方说话，双方的对话就会非常顺利。

比如，你可以用"嗯嗯""对对""是这样的"来附和对方，也可以直接重复对方说的话。

"然后呢？""接下来怎样啊？"这样的话也不错，能促使对方继续往下说。

你还可以表扬对方："说得真好啊！"适当的赞美能给对话锦上添花。

一旦你能接受别人说的话，你们之间的沟通和交流就会很愉快。

应该有这样的反应

附和

"嗯嗯！"
"对对！"
"原来如此！"

赞美和表扬

"真好啊！""太棒了！"
"不愧是……"

重复对方说的话

"就像您刚才说的……"

促使对方继续往下说

"然后呢？"

的确如此！

考虑对方的心情

和对方沟通对话时，必须考虑对方当下的心情，这很重要。

了解对方是高兴，还是伤心，抑或是生气，等等。根据对方的心情，说合适的话。

你没按时还对方东西，对方非常生气，你却满不在乎地说："明天还你就是了"想想，会是什么结果？

要想了解对方的心情，请关注下一页的3个要点！"如果我是XX的话，心情会怎样？"站在对方的立场上考虑对方的心情，这很重要！

了解对方心情的
3 个要点

1 观察对方的面部表情

看看对方脸上是什么样的表情。高兴，还是生气？通常人的心情都会在脸上表现出来，高兴的话就会有开朗的表情，担心的话就会有忧伤的表情，比较容易判断。

2 注意对方说话的声调

从对方说话声调上也能了解他的心情。开心时，声音就会充满活力；伤心时，声音就变得低沉、无力。

3 留意对方的动作和姿态

如果对方弓着背、低着头，说明他可能遇到了伤心的事。人生气时，往往会不由自主地攥紧拳头。

体谅和安慰朋友

朋友情绪低落、无精打采的时候，你会怎么办？因为你很在意他，所以会为他着想，好好安慰他，是吧？那么，怎样安慰好呢？设身处地地想一想：如果换成自己，你希望听到对方说什么话？又希望对方做些什么？

这种时候，说些什么好呢？……

去医院探望受伤住院的朋友

由于家庭原因，朋友要搬家

朋友在表演芭蕾舞时出现失误

这个时候怎么办?

场景 1 朋友伤心难过的时候

朋友失去了心爱的宠物

好朋友的宠物猫死了。她很伤心。虽然自己没养过宠物,但是能理解朋友的心情。接下来,该怎么安慰她呢?

如果是你,想对她说什么?

試着写一写!

(示例)我知道你心里不好受。需要我做什么,你尽管说。

② 朋友情绪低落的时候

朋友因为遭遇失败而无精打采……

朋友邀请我去观看她的钢琴演奏比赛。但是，朋友太紧张，没发挥好，比赛失利了。第二天，朋友情绪很低落，似乎还没从比赛失利的阴影中走出来。她为了这次演奏比赛刻苦练习，所以很不甘心。

如果是你，想对她说什么？

试着写一写！

（示例）你参赛的那首曲子太难了，你弹得已经很不错了。

虽然有失误，可我还是要给你点赞！

体谅和安慰对方的方法要点

1 说感同身受的话

比如可以这样对朋友说："我能体会你的辛苦！""我理解你的想法。"对方感受到你对他的理解，就会从内心接受你的帮助，难过的心情就能有所减轻。

2 说支持鼓励的话

与其简单地说"加油"两个字，不如说："你已经很努力了！""我始终都会支持你的！"让对方感受到你是他忠诚的伙伴。

3 什么都不说

什么都不说，就给对方一个温暖的拥抱，或者拍拍他的肩膀，握紧他的双手。这些行为能缓解对方的压力，改善不好的情绪。你还可以在对方倾诉时，温柔地点点头，让他有温暖幸福的感觉。

有些话对方并不想说。这时，不要勉强追问，轻轻一句"想说的话随时可以告诉我"，静静等待对方向你敞开心扉，这也是一种体贴。

注意
说话的方式

怎样才算是会说话？

沟通交流时，要注意说话的方式方法，这很重要。恰当得体的话语能更好地把自己的心情和想法传达给对方。

那么，怎样才算是会说话？

比如，朋友借了你的书，却不归还。你想让他还书，这个时候，怎么对他说好呢？

A "你为什么还不把书还给我？！"

B "借给你的书，赶紧还给我！"

C "借给你的书，希望你看完后尽快还给我吧。"

说话的方式多种多样，但是，只有方式 C 听上去感觉最舒服，方式 A 和方式 B 会让对方心里不舒服，感觉是受到了责问。

像这样，认真思考自己要说的话，同时还要顾及对方的心情，说话恰当、得体，不说错话，这就是会说话。

说话的 3 个诀窍

1

了解自己的内心

问问自己到底想要表达什么心情和想法。先深吸一口气，让心情平静下来，接着问问自己："大家都说……，我自己是怎么想的呢？"看看自己是如何回答的吧。

2

整理好要说的话

条理清楚

明确了自己想表达的信息，然后再考虑自己怎么说才能更好地把它传达给对方。请参考第 120 ~ 125 页"整理好要说的话"这部分内容。

3

运用既重视自己又重视对方的说话方法

向对方传达信息时，应选择既重视自己也重视对方的措辞。参考第 128 ~ 137 页"学会既重视自己又重视对方的说话方法"这部分内容，思考一下怎样说既表达了自己真实的想法，又能让对方理解和接受。

了解自己的内心

沟通中最重要的是要了解自己的内心，问问自己：

"我到底想传达什么？"

"真正的心情是怎样的呢？"

家人和朋友谁也不知道你心里想什么。

之所以看不清楚自己的内心，是因为你心里一直存在着"和别人比较""不想被别人讨厌""在意别人的眼光"之类的想法。

这些想法掩盖了自己真正的心情和想法，以至于你看不清楚自己真正的内心。

自己想传达什么？

挨老师批评了怎么办？

和大家意见不一致怎么办？

被朋友说"你又生气了！"怎么办？

看看自己的内心

被同学取笑的时候，你怎么想？

	是	否
◆ 因为不想被大家排挤，所以保持沉默	是	否
◆ 因为想和大家搞好关系，所以不在意	是	否
◆ 偶尔会觉得讨厌，仅此而已	是	否
◆ 害怕被孤立	是	否
◆ 大家开心就好	是	否
◆ "被讨厌"可能说明自己比较特别吧	是	否

如果你的"是"多，那就太委屈自己了吧？！

让内心变得强大

　　自己被同学取笑或者朋友做了让自己觉得讨厌的事情时，可以明确地说"讨厌"。

　　如果因为是朋友就忍耐，自己心里肯定会很难受。

　　对觉得讨厌的事情大声说出"讨厌"，是珍惜自己的重要表现。

　　但是，如果是朋友偶尔为之，那就像第128页介绍的那样，学会既重视自己又重视对方的说话方式吧！

想一想！

被很要好的朋友说了不礼貌的话怎么办？

你可以说"讨厌"，
也可以不说。
问问自己的内心吧。

让内心变得强大的练习

1 在没人的地方练习大声说"不！"

试着大声说出下面的话。重点是声音来自内心深处。

（示例）"不要这样！""我讨厌这样！"
"别做那种事情！"

2 观察自己的面部表情

观察一下自己说"不"时的表情。是不是看上去萎靡不振呢？那就打起精神，让眼睛充满力量，严肃地再说一次"不！"。

3 想象自己成功了

想象自己大声说出"不"后，成功地把自己的心情传达给对方。接着再想象一下，对方的表情和态度开始向好的方向转变。

4 要有独处的勇气

说了也无济于事的时候，那就找家人倾诉一下吧，因为他们是最可以信赖的。之后，远离讨厌的人，一个人独处，找回内心的平静，有勇气这样做也可以保护自己哦。

整理好
要说的话

　　把想表达的信息传达给对方，就必须把信息整理成恰当的语言。这很重要。

　　最想向对方表达什么？应该怎样传达给对方？掌握了把信息整理成恰当语言的方法，就能在各种场合沟通自如。

在各种场合沟通自如！

想让对方认可自己主张的时候

想传达很多信息的时候

想解决困难的时候

说清楚理由和事实

　　被人误解时，容易陷入恐慌，不知道从何说起。这时候，先冷静下来，思考一下哪些理由和事实能够证明自己是无辜的。如果能说明原因，讲清事实，就能轻松地消除误解了。

做做看！

对理由和事实进行整理

朋友误认为我泄露了他的秘密。
要证明秘密不是我泄露的。

理由	事实

（解答示例）

理由……　朋友周末对我讲了他的秘密。之后，我一直在为运动会进行训练，没机会和同学见面说话。

事实……　所谓被泄露的秘密和朋友告诉我的不一样。

在心里编号排序

有很多话要说的时候，先在心里把要说的内容编号并排序，即按照第1个、第2个、第3个……排列顺序，然后再一个个地说出来，这样就条理清楚，易于让对方接受。比如：郊游发生了很多开心的事情，第一件是……；第二件是……；第三件是……。

做做看！

编号的方法

①把想说的内容写在纸上。
②按照想要表达的顺序，分别编号。

学会编号后，一开口就说明"我有几件事情想说"，这样就更清楚地把要说的内容传达给对方。

（示例）放学回家后要做的事情

1. 洗手、漱口
2. 吃水果
3. 做作业
4. 户外活动
5. 阅读科普杂志

1 给早上起床后到上学之前这段时间要做的事情编号

1.
2.
3.
4.
5.

按顺序写出要做的事情

（示例） 我通常有三件事要做。

第一件是刷牙洗脸，第二件是叠被子，

第三件是换上学的衣服。

2 给暑假里想做的事情编号

1.
2.
3.
4.
5.

编完号再稍加说明

方法3

掌握
协商规则

协商看起来有点难，其实就是把自己的需求传达给对方，让对方接受。协商的目的是为了得到对方的同意，而不是把自己的想法强加给对方，所以就必须想好怎样说才能让自己和对方都满意。

做做看！

运用协商规则

按照以下协商规则，整理自己的需求。

协商规则

（示例）想养一只猫……

① 自己的需求是什么？　　　我想养只猫。

-----

② 为什么自己会有这种需求？

因为我喜欢猫，而且一直希望自己能养一只猫。

-----

③ 什么条件下对方（父母）才能接受自己的需求？（要有两个以上的条件）

· 保证自己照顾猫，而不是交给父母照顾。

· 先学习养猫的方法，等学会如何养猫后，再养。

-----

④ 仔细观察协商对象，抓住协商时机

在妈妈不做家务活的时候和她说（要是妈妈做家务活的时候给她说这件事，她可能听不进去，那还不如不说）。

● 动漫频道正在现场直播精彩的动漫节开幕式，我很想看，可这会儿正是做作业的时间……

①自己的需求是什么？

＿＿＿＿＿＿＿＿＿＿＿＿＿＿＿＿＿＿＿＿＿＿＿＿＿＿＿＿＿＿＿

＿＿＿＿＿＿＿＿＿＿＿＿＿＿＿＿＿＿＿＿＿＿＿＿＿＿＿＿＿＿＿

②为什么自己会有这种需求？

＿＿＿＿＿＿＿＿＿＿＿＿＿＿＿＿＿＿＿＿＿＿＿＿＿＿＿＿＿＿＿

＿＿＿＿＿＿＿＿＿＿＿＿＿＿＿＿＿＿＿＿＿＿＿＿＿＿＿＿＿＿＿

③什么条件下对方（父母）才能接受自己的需求（要有两个以上的条件）？

＿＿＿＿＿＿＿＿＿＿＿＿＿＿＿＿＿＿＿＿＿＿＿＿＿＿＿＿＿＿＿

＿＿＿＿＿＿＿＿＿＿＿＿＿＿＿＿＿＿＿＿＿＿＿＿＿＿＿＿＿＿＿

＿＿＿＿＿＿＿＿＿＿＿＿＿＿＿＿＿＿＿＿＿＿＿＿＿＿＿＿＿＿＿

④仔细观察协商对象，抓住协商时机

＿＿＿＿＿＿＿＿＿＿＿＿＿＿＿＿＿＿＿＿＿＿＿＿＿＿＿＿＿＿＿

＿＿＿＿＿＿＿＿＿＿＿＿＿＿＿＿＿＿＿＿＿＿＿＿＿＿＿＿＿＿＿

＿＿＿＿＿＿＿＿＿＿＿＿＿＿＿＿＿＿＿＿＿＿＿＿＿＿＿＿＿＿＿

怎样说才能让妈妈同意我看电视呢？

这个时候怎么办？

场景 和长辈说话的时候

很想有礼貌地跟老师交谈，但是自己非常紧张！

关于学生会的事，我想问问别的班的老师。因为和别的班的老师不熟，所以我感到紧张。向老师请教时，我想表示对他的尊敬，该怎么说好呢？

你会怎么说？

写写看！

不要太刻意，使用平常的礼貌用语和老师、长辈说话就可以了。

学会使用
礼貌用语

1 注意说话态度和声音语气

　　紧张没有关系，但是，如果低着头小声说话，不仅姿态难看，对方也听不清楚。所以，要端正身姿，看着对方的眼睛，一字一句清晰地说话，这样，对方听了会很舒服。

2 注意小细节

　　提问的时候，可以说"请问……"；请教的时候，要说"请您告诉我……，好吗？"。

3 注意场合和说话对象

　　除了学校老师，还要对店员和邻居等日常接触的人使用礼貌的语言。到朋友家做客或玩耍，和朋友的家人打招呼也要讲究礼节。"打扰了""添麻烦了"，说出来让对方感觉受到尊重。

学会既重视自己又重视对方的说话方法

"拜托他做这件事情，会不会给他添麻烦？""如果我拒绝对方，对方是不是觉得我很冷漠？"产生这些想法都是重视对方心情的表现。不过，也要重视自己的心情和感受。

可是，说出自己的心情和感受，又怕引起对方的反感。

只要学会既重视自己的心情又重视对方的心情的说话方法，就能应对各种场合！

使用既重视自己的心情又重视对方的心情的说话方法，能提高沟通能力！

★ 把自己的"高兴""悲伤""生气"等心情恰当地传达给对方。

★ 因为不去否定对方，所以不会让对方产生负面情绪。

★ 即使原本难以开口的事情，也能顺畅地传达给对方。

方法 1

用第一人称
表达自己的心情

　　烦恼或难过的时候，你有没有因为控制不好情绪和对方吵架而陷入尴尬的境地？在表达自己不好的心情时，试着以"我"为主语，说清楚"我是这么想的"。同样，在表达自己喜悦的心情时，也可以使用第一人称。

可以这样说

朋友迟到的时候

你来得这么晚，我很担心你。

朋友指责我的时候

听你那么说，
我心里很不好受。

漫画

什么是铺垫语？

啊！手机！

不允许带到学校的……

不能带的！

可是……

×

有些话很难说出口，这时可以使用铺垫语。

什么是铺垫语？

下一页我就介绍铺垫语。大家一起来学学吧！

试试看

使用
铺垫语

指出朋友的问题和提出不同意见是需要勇气的。如果说得太直接，很可能就会伤害到对方。这时，试着使用铺垫语。另外，有事要拜托别人的时候，也可以使用铺垫语。

你觉得哪种说法好？

比如，想请别人帮忙打扫卫生时，哪种说法比较好？

> 要是你有时间的话，能帮忙打扫一下房间卫生吗？

> 喂，帮我打扫一下！

哪种说法听起来更舒服？先说一句体谅对方的话，再提出自己的请求，这样表达更委婉，能提升对方对你的好感。

除了有求于人，在谢绝、婉拒对方或者说不同意见的时候，也可以使用铺垫语，这样不仅不会让对方讨厌，还有助于维持良好的人际关系。

使用铺垫语

选择合适的铺垫语，分别填入场景 *1* ~ *4* 中。
（可以多选）

场景1　朋友是不是把衣服穿反了？

场景2　想把打印材料交给老师，可是老师正在忙别的事情

从以下铺垫语中选择

说出来有点难为情 / 我觉得还是说出来好 / 对不起 / 我提一个小意见，你不妨听听看 / 这会儿，能打搅一下吗？ / 实在是不好意思 / 谢谢您啦。不过…… / 对不起，在您这么忙的时候打扰您 / 可能我看错了 / 对不起，打搅一下可以吗？ / 你今天一定很忙吧 / 要是我看错了，就先说声对不起了

场景 3 朋友正和别人聊得开心，我有话要跟她说

场景 4 朋友邀请我去玩，但是我要练钢琴，去不了

解答示例

场景 1 ⋯⋯ **说出来有点难为情 / 可能我看错了 / 要是我看错了，就先说声对不起了**

"你衣服穿反了！" 如果直接说出对方的问题，会让对方感到尴尬。万一，是你判断错误呢？

场景 2 ⋯⋯ **对不起，在您这么忙的时候打扰您**

对于让老师放下手头的工作，首先要表达自己的歉意。

场景 3 ⋯⋯ **这会儿，能打搅一下吗？ / 对不起，打搅一下可以吗？**

在别人正聊得起劲时很难搭话。那么，就先确认一下自己现在能不能插句话。

场景 4 ⋯⋯ **谢谢您啦。不过⋯⋯**

首先对对方的邀请表示感谢，这样对方下次还会邀请你的。

133

场景 1 和工作中的老师搭话的时候

怎么说……

在老师办公室，想和老师说话，但老师很忙。

因为有事情问老师，所以去了她的办公室。老师正在备课，低头写个不停，没有注意到我。我该如何开口呢？

你会怎么说？

写下来！

场景 2 想向不知情的朋友说明真实情况的时候

对方不知情，很困惑，我想告诉她们真实情况，可之前没和她们说过话……

"小丽怎么还没有来啊？"那几个人看起来像有约定，因为小丽没在约好的时间赶到，她们不知道原因，正在担心呢。我知道放学时小丽被老师留了下来。我想告诉她们，但是因为没和她们说过话，这时突然对她们说这件事，会不会让她们觉得奇怪呢？

你会怎么说?

写下来!

对方或者同伴在说话时没有注意到自己，这时候过去搭话，也可以使用铺垫语。

※ ①②的解答示例在下一页。

135

被误解的时候

老师误以为你们在打扫教室的时候嬉闹

打扫教室的时候，和同学用"石头剪刀布"确定分工，恰巧老师经过看到了这一幕，于是批评我们："别玩了，快打扫卫生！"我们玩"石头剪刀布"是为了轻松愉快地打扫教室卫生，却被老师误解了。如果就这样按照老师想的道歉的话，会得到她的原谅，但是我不希望被她认为我们偷懒不想打扫卫生。怎样才能向老师说明事实真相呢？……

你会怎么说?

≥写下来!

解答示例 ①老师，对不起，打扰您工作了。/ 老师，稍微打扰一下，可以吗？

②对不起，刚才恰好听到你们说的话，你们是在等小丽吗？我想可能你们不知道……

把事实和判断分开说

只看到事情的一部分就下结论，容易让对方产生误解。为了避免误解，要随着时间的推移，把"发生的事情"（事实）和"想到的事情"（判断）分开说。这样做更容易把信息传达给对方，有助于双方的沟通。

发生的事情

- ◆同学们一起打扫卫生。
- ◆因为每种清扫工具只有一件，所以决定用"石头剪刀布"来确定分工。
- ◆老师从那里经过，看到我们玩"石头剪刀布"。

想到的事情

- ◆擦玻璃，扫地，如何分工呢？
- ◆用"石头剪刀布"确定分工，让事情变得有趣。
- ◆玩"石头剪刀布"不是偷懒，而是大家用来分工的。

在听别人说话的时候，一定要竖起耳朵仔细听，分清楚哪件事是"发生的事情"。

漫画

沟通时要抓住话题

那个女孩穿的衣服，是我以前逛商店时看到后想买的那件！

小月

じ～…

（呆呆地看着）

我也想和她做朋友啊！

和她聊聊那件衣服怎么样？想沟通的话，有很多话题，你要抓住哦！

真心想和对方沟通

想进一步了解对方

"我想和那个人交朋友！""很想知道他在想什么"你有没有过这样的心情？

真心想和对方交流，这种迫切心情很重要。

想更多地了解对方、走进对方内心、和对方成为好朋友，就要认真听对方说话，仔细感受对方的心情。

怀着想了解对方、想知道对方感受的这种迫切心情和对方聊天，能让对方意识到"他真的很理解我""他和我志趣相投"。

想和对方交朋友、想对他了解得更多，这种迫切的心情很重要。不过，如果是和对方第一次见面或者对方正在专注于某件事情，就很难和他说话了。这时候，要抓住聊天话题，为沟通创造条件。下一页开始介绍这些内容哦！

抓住沟通话题，掌握沟通技巧

换了班级或者报名上兴趣班，班里都是新面孔，和他们说话就需要很大的勇气。但是，只要能抓住沟通话题，掌握沟通技巧，多多尝试，不仅沟通会越来越轻松，还可以提升自信心。

沟通的 3 个技巧

1

好可爱的小熊 ❤

从随身携带的物品和身边的事情谈起

可以把对方穿的、带的、用的物品或者身边的事情作为话题。如果对方感兴趣，会和你谈下去的。

2

用过渡性的话作为开场白

需要帮忙吗？

为避免突然搭话而吓坏对方，开场白可以说句过渡性的话。比如："需要帮忙吗？"

3

一起去图书馆，好吗？
好啊！

向对方发出邀请：一起……好吗？

比如说："今天放学我们一起回家，好吗？"如果对方接受邀请，就有了进一步沟通和了解的机会。

这个时候，该如何开口？

遇到下面这些场合，应该如何开口呢？想想看！

场合 1 想邀请以前没怎么说过话的同学一起放学回家

场合 2 学习中遇到不懂的地方，想问问同学

填写示例

场合 1 …… 你住在什么地方？方便的话，放学后咱们一起回家好吗？

抓住"家"这个话题，试着和对方沟通。

场合 2 …… 你这会儿有时间吗？不好意思，这道题你会吗？

先问问对方有没有时间、是不是方便，这种方式就很不错！

怎么做
对方才高兴?

　　无论说话还是做事,如果能多为对方考虑,那么越来越多的人就会聚集到你身边,你就能得到大家的支持。

　　相反,只考虑自己的人因为只为自己着想,最终大家都会远离他。一生不与别人来往是不现实的,无论做什么事,都会和别人有关。

　　什么事情能让对方高兴?怎样做才能让对方露出笑容?好好想一想吧。

　　其实能让对方高兴的方法有很多,比如,微笑、帮忙做点事、说些鼓励的话等等。

站在对方的立场考虑

朋友喜欢的东西是什么?

怎么做对方才高兴?

怎么做对方才会露出笑容?

想一想，做什么事会让对方高兴

你做什么事，会让朋友和家人高兴？
仔细想想吧！

☀️想想看！

你觉得做什么事情会让朋友高兴？

（示例）帮朋友解决烦恼。

你觉得做什么事情会让家人高兴？

（示例）准备一家人的早饭。

你觉得做什么事情会让老师高兴？

（示例）帮老师收发作业。

143

发现别人的
优点

你身边的朋友和家人，他们都有哪些优点呢？

观察他们的性格和行为，你能从中找到哪些优点？也许是因为对方在很多方面都不擅长，所以你感觉从他们身上找不到优点。但是，回顾第 37 页做过的"给性格换个说法"的小练习，你会发现，只要改变看法，对方这些不擅长的地方也存在闪光点。

发现了对方的优点，就要告诉对方。

改变看法，会更容易发现别人的优点

虽然他说话声音很大，感觉有些吵，但是他是班里的开心果。

写写对朋友的看法

朋友 ＿＿＿＿＿＿＿＿＿＿＿＿＿＿＿ ，

感觉他有时候

＿＿＿＿＿＿＿＿＿＿＿＿＿＿＿ ，

不过，我想这是因为

＿＿＿＿＿＿＿＿＿＿＿＿＿＿＿ 。

"为了别人"其实也是"为了自己"

　　帮了别人忙，听到别人说"谢谢"的时候，一定会很开心。这有助于培养你的自信。

　　接着，你会继续做对别人有用的事，自信心就会越来越强。为别人做事，最后自己的内心得到了滋养。

做有助于他人的事情

太谢谢你啦！帮了我的大忙～

能帮老奶奶的忙，我很开心！

➡提升了我的自信心！

微不足道的小事，也可能对别人有帮助。

你是不是觉得自己平时没怎么帮到别人？其实，那些你做过的认为是自己举手之劳的小事，却对别人有很大的帮助。今天你做了什么好事？仔细想想吧。

捡起教室地上的垃圾

帮姐姐一起寻找很重要的东西

找来找去

在那里！

想一想！

你都做了哪些好事？

回顾一下你今天做的事情吧。

重视自己的
心情和感受

　　为对方着想，考虑对方的心情和感受，这很重要。但是，如果一味地考虑对方，而不考虑自己的心情和感受，那就太委屈自己了吧?

　　尊重对方，并不表示就要无视自己的心情和感受。不能为了迎合对方而让自己难受。

　　重视自己的心情和感受，充分地把自己的心情和感受说给对方听，让对方知道自己的想法。要掌握这样的原则。

A 和 B 中，哪一个既重视自己又尊重对方?

不想买和朋友同样的布偶，却被朋友提议买

A

对朋友说:"真的很漂亮!可惜我有别的东西要买，先不买它了。"

B

不知该如何拒绝，好尴尬。

朋友是因为喜欢你，才希望你能和她拥有一样的东西。首先要对朋友的这一提议表示肯定。接着再真诚地告诉她，自己有其他想要的东西，或者对她说自己已经有了一件，从而把自己的心情传达给她，让她明白自己的想法。

场合 B

因为不想让朋友失望，所以不敢说出自己的想法。不说出反对意见暂时能让自己觉得安心，但是一味地忍耐和压抑，无法说出真相，还是会让自己变得不开心。建议要好好练习如何表达自己的感受。

不仅是买同样的布偶，在报名参加兴趣班时，如果你没有真实表达自己的感受，朋友也会不知道你真实的想法。只要你重视自己的感受，同时也重视对方的感受，准备好相应的表达方法，就能婉言拒绝朋友的好意。看来，一定要了解自己的感受，知道自己想做的事情。

练习 **4**

列出愿望清单，
找到自己想做的事情

想清楚自己的愿望，找到自己想做的事。这很重要。
试着写写自己想做的各种事情吧。

（示例）

愿望
● 想吃冰激凌
● 想看一部电影

愿望
●
●
●
●
●
●

愿望

-
-
-
-
-
-
-
-
-
-
-
-
-
-
-

漫画

列出愿望清单

有一些马上能实现，
愿望清单
还有一些必须通过自己的努力才能实现。
小宏
写出愿望清单，就相当于你隐隐约约地看到了自己以后想要实现的事情。
确实如此！
我觉得自己更有干劲儿了！
把愿望清单贴在明显的位置上，每天多看几次，
愿望清单
或许什么时候就能实现了呢！

试着做自己想做的事

你现在最想实现什么愿望？

"每门功课都考 100 分！""想入选学校篮球队！"

你一定有许许多多的愿望吧。

每个愿望对你来说都很重要。

如果知道自己想做的事情，就付诸行动，去努力实现它吧。

无论多么小的愿望，只要一个接一个地实现，就能培养你的自信心。

只要有信心，就能干劲十足，去实现自己更大的梦想和心愿。

找到自己想做的事情了吗？

无论大小，对你来说，都是非常重要的愿望！

我想成为一名宇航员。

我希望在大家面前，说出自己的愿望！

我想成为一名画家。

漫画
勇敢做自己！

玩什么好呢？

小美，你想玩什么我们就玩什么。

你说说，哪个写得好？

哪个都很好！

伙伴 伙伴

等等！我要说说我的意见！

善良固然很好，可是，敢于展现自己，会更好！

因为你人生的主人公就是你自己。

你才是自己人生的主人公

你能不能说出自己的意见？比如说，"我是这么想的""我想这么做"。每天从朋友、老师、家人那里听到各种各样的想法和意见，你会不会就把他们的话当成了自己的意见？

记住，你人生的主人公只能是你自己。

别人只是配角，把自己摆在中心位置上，坚定地说："我想这么做！"这样的决定是很重要的。

比起别人的态度，
更要重视自己的态度！

做你自己就好了

你还是那样，非常优秀。

只要相信自己，就很优秀。

你的优点毋庸置疑，

即便是缺点，也掩盖不了你的魅力。

有消极情绪时，

当然会闷闷不乐。

遇到失败时，

只要重新站起来，

就没什么大不了。

你是不是做得越来越好了？！

小樱： 以前，我一直觉得自己一无是处，但是现在，我发现了自己的优点，内心不安的感觉消失了，自信心增强了。

小喵： 和第一次见到的小樱相比，现在的小樱看起来神采奕奕，充满自信！我想，无论面对什么事，她都不再怯懦和退缩！

小樱： 从现在起我会继续培养自信心的！

不断培养相信自己的能力

通过学习建立自信的方法，你是不是看到了自己的优点？通过各种练习，你会发现"多姿多彩的自己真好"。或许还有人认为"自己还是缺乏自信"，这也没关系。在培养正向思维、建立自信的练习过程中，自己的优点和能做的事情会越来越多。你是世界上独一无二的存在，培养相信自己的能力吧。

漫画

变得更喜欢自己！

一直以来，我都觉得
先考虑自己是不对的，
所以总是优先考虑别人。
这样一来，
就很委屈自己。
从现在开始，
要多考虑一下自己，
对自己好一点哦！
以前，我觉得
“自己反正也做不到”，
所以一直都在逃避。
其实，有些事情我也能做到，
即便是一丁点成功，
我都想好好表扬一下自己！

自信满满的人生很棒！

本书是一本提升孩子自信心的书。自信心说白了就是对自己有信心。但是，自信与自负完全不同。前者既能接受自己的优点，也能接受自己的缺点，后者则自以为是地认为"我真厉害！""我什么都行！"。

自信的孩子，面对困难和新问题，不怯懦，不退缩，勇敢去闯。他们相信：只要努力去做，就一定能做到。正因为有这种自信，才不会在困难和挑战这堵"高墙"面前缩成一团，而是要跨越这堵高墙。即使失败了，也不气馁，能积极地从失败中学习，总结经验和教训，继续努力前进，从而越来越自信。

自信的孩子内心非常坚定。他们认可的不是结果和他人的评价，而是努力过的自己。所以，他们能接纳自己，并且与他人建立起良好的人际关系。

自信不仅仅是为了现在，更是为了将来。人生中内心基础牢固了，就会产生生存的欲望和干劲，也会产生前进的能量。自信的孩子最有希望成功。

要成为积极进取的人！

有的孩子在学校里成绩非常优秀，但是进入社会后萎靡不振；有的孩子在学生时代并不显眼，进入社会后却大获成功。越来越多的人认识到，在学校里成绩好并不代表进入社会后就一定能取得成功。

最新的研究表明，比起考试和IQ（智商）测试这些可以用分数衡量的"认知能力"，掌握无法用分数衡量的"非认知能力"对未来的影响更大。这一结论引起了全世界的关注。所谓非认知能力，指的是坚持到底的能力、遇到失败和挫折重新站起来的能力，以及自控力、好奇心、挑战精神等优秀的品质和能力。支撑非认知能力的心理基础就是自信。通过提升自信心，来培养和提升非认知能力，将来才能成为积极进取的人！所以，请从培养自信心的角度出发，和孩子交流和对话。

"安心感"有利于提升自信心

首先，要认真听孩子说话，这非常重要。孩子说话时，大人不仅要仔细听，还要接受孩子的话，表示自己的关注，"原来是这样啊""你是这么想的啊"。这样，孩子就能切实感受到自己被重视，不仅会有自我满足感，还会提升他们的自信心。

但是，家长们一天到晚要做的事情很多，经常忙得不可开交。因为忙，就会边做家务，边听孩子说话，或者边看手机，边听孩子说话。看到大人心不在焉，孩子就感觉得不到尊重，自信心就会受到影响。所以，就算每天只拿出10分钟时间，家长也要切实和孩子面对面交流，认真听孩子说话。

第二，要让孩子有成就感。

当孩子决定去做自己想做的事并取得成功的时候，就会很有成就感。

"我完成了！""我成功了！"就这样，孩子根据自己的想法，结合自己的体验，逐渐积累和建立起自信心。其中，最关键的一点就是孩子自己想做、自己决定去做，而不是被迫去做！

这时，如果孩子受到表扬，就认为自己的成功被大家认可，有了成就感，自信就随之而来。肯定和赞美能带给孩子成就感，所以，你要赞美孩子，"这不完成了嘛，你真了不起！""你太棒了！"在孩子的成长过程中，大大小小各种成就感不断积累，到了一定程度，就会转化成强大的自信心。

第三，要让孩子感受到爸爸妈妈的爱。

自信心的根源是被爱的安心感。父母的爱让孩子安心，非常有利于培养孩子的自信心。所以，请微笑着和孩子说话，和孩子一起看有趣的电视节目和图书，和孩子一起做饭，一起到户外活动……尽可能多地创造和孩子相处的机会，让孩子感受到父母的关爱，这是送给他们的最好礼物。

另外，建议家长多和孩子进行肌肤接触，比如，抚摸孩子，拥抱孩子，和孩子拉钩、击掌，等等。和孩子说话时看着孩子的眼睛也能传达你的爱意。这些事情对孩子来说很重要。他们能从中感受到爸爸妈妈非常爱自己，长大以后，内心会更加沉稳，意志会更加坚强。

最后，请为孩子提供一个安心居住的地方，一个温暖的家。

总之，作为家长，要力所能及地培养孩子的自信心。这样，孩子拥有自信心，就会拥有积极向上的人生观，就会在自己的人生道路上披荆斩棘，勇往直前，做最好的自己！

您的朋友　高取志津香

图书在版编目（CIP）数据

不怯懦！小学生的信心提升锦囊 /（日）高取志津香
编著；王影霞译 . — 青岛 : 青岛出版社 , 2024.6
　　ISBN 978-7-5736-2344-7

Ⅰ . ①不… Ⅱ . ①高… ②王… Ⅲ . ①自信心—少儿
读物 Ⅳ . ① B848.4-49

中国国家版本馆 CIP 数据核字 (2024) 第 105439 号

山东省版权局著作权合同登记号 图字：15-2023-80 号

BU QIENUO! XIAOXUESHENG DE XINXIN TISHENG JINNANG

书　　　名　不怯懦！小学生的信心提升锦囊
编　　　著　［日］高取志津香
译　　　者　王影霞
出版发行　青岛出版社（青岛市崂山区海尔路 182 号，266061）
本社网址　http://www.qdpub.com
邮购电话　0532- 68068091
策　　　划　傅　刚　Email：qdpubjk@163.com
责任编辑　傅　刚　张学彬
装帧设计　祝玉华　山　与
照　　　排　光合时代
印　　　刷　青岛双星华信印刷有限公司
出版日期　2024 年 6 月第 1 版　2024 年 6 月第 1 次印刷
开　　　本　16 开（710mm×1000mm）
印　　　张　11
字　　　数　150 千
书　　　号　ISBN 978-7-5736-2344-7
定　　　价　56.00 元

编校印装质量、盗版监督服务电话：4006532017　0532-68068050
建议上架类别：少儿励志·亲子教育

参考文献：

《插图版·表达心情的方法——沟通中增强自信的 44 种训练方法》（高取志津香 / 联合出版社）

《有沟通能力的孩子不会差》（高取志津香 / 青春出版社）

《清楚就好，不必表扬——培养大脑的"赞美表现力"》（高取志津香 / 宝岛社）